图书在版编目（CIP）数据

科技揽胜 / 聂辉绘编. —北京：农村读物出版社，
2022.2（2023.7重印）
（我们的中国）
ISBN 978-7-5048-5824-5

Ⅰ．①科… Ⅱ．①聂… Ⅲ．①科技发展－中国 Ⅳ．
①N12

中国版本图书馆CIP数据核字(2022)第029623号

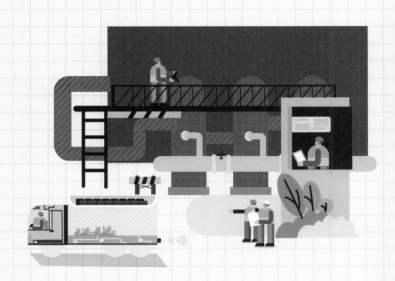

中国农业出版社出版
地址：北京市朝阳区麦子店街18号楼
邮编：100125
策划编辑：刁乾超
责任编辑：全 聪　文字编辑：黄璟冰
版式设计：杨春林　责任校对：吴丽婷 责任印制：王 宏
印刷：北京缤索印刷有限公司印刷
版次：2022年2月第1版
印次：2023年7月北京第2次印刷
发行：新华书店北京发行所
开本：787毫米×1092毫米　1/16
印张：2.5
字数：50千字
定价：19.90元

编　写：聂 辉　赵冬博　宁雪莲　李昕昱
绘　画：聂 辉　刘东平　施伟阳　段颖琪
美术设计：李 爽　李 文　王 怡　杨春林

科技揽胜

我们的中国

聂 辉 绘编

农村读物出版社
中国农业出版社
北 京

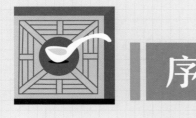

序

　　科技水平的竞争已经是当前国家之间竞争的重要方面。科技水平的每一次突破都意味着这个民族掌握了能够立足于世界的力量。

　　中国的科技发展有相当长的历史，从古代的各种"黑科技"到现在的一项项超级工程，每一次里程碑式的突破都引爆了世界格局的活力，这些"黑科技"如珍宝闪耀在时间的长河中。

　　感受历史的一段段记述，成果背后是不为人知的尝试和失败，中国古代四大发明也变得充满了温度和力量。凭着手中的指南针和一腔热血，日月星辰都可以到达，指南针的发明让更多的人们在大海上找到沟通远方的力量；火药的发明虽看似是"意外"，但随着时光流转，水平越来越高的火药技术和相关发明慢慢地让中华民族的"钢铁长城"更加稳固；造纸术的发明和走向成熟，让人们的书写不再复杂和困难，对于日常文化交流发挥了重要的作用；印刷术从无到有、从简到精，一册册书籍随时间不断得到传播和传承。

　　优美惊艳的瓷器一直是中国的名片之一，古代朴素的匠人用独创工艺一点一点将瓷器烧造成型，这些瓷器有的厚度薄到令人称奇，有的造型巧夺天工。

　　民以食为天，面对当前更加严峻的粮食安全问题，杂交水稻技术解决了中国人乃至世界其他地区人们的温饱问题，让世界听到了来自中国强有力的声音。

　　向海而生的中国水下力量中，核潜艇的威力不容小觑，"长征一号"成为我国第一艘攻击型核潜艇，随着我国核动力潜艇的更新换代，我国的核打击力量越来越强，成为保家卫国的重要保障。

　　感受着新时代中华民族对当下和未来的更多期许，更多让世人惊叹的工程都在中国落地。西电东送、西气东输、南水北调、青藏铁路，前三者将中国原有缺乏联系的能源格局整体逆转，而青藏铁路则沟通了青藏地区与祖国其他地方的联系，"天堑变通途"。

　　科技实力的不断增强才是一个国家、一个民族永远强大繁荣的保障，中华民族对于科技不断探索，也让中国更加坚定地屹立在世界东方。

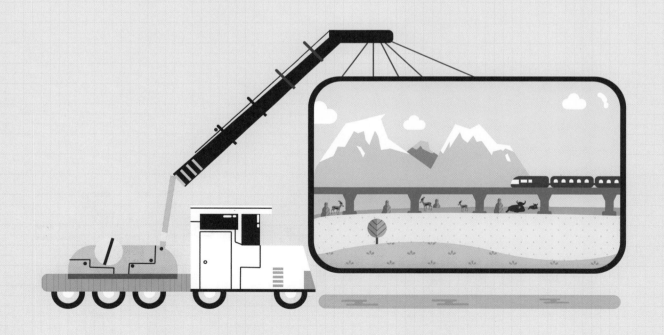

目 录

序

中国的四大发明

  中国四大发明这一说法最早由英国汉学家艾约瑟提出并被许多中国历史学家采纳，是中国古代对世界有很大影响的四种发明，是中国古代劳动人民的智慧结晶。

  指南针、火药、造纸术和印刷术，其中的任意一项技术都深刻改变了人类历史进程：指南针让远洋航海成为可能，促进了贸易的繁荣；火药改变了传统的冷兵器战争模式，传到欧洲后成为新兴资产阶级击碎封建领主的强力武器；造纸术是一次书写载体的革命，直接将书写成本大幅降低；印刷术让书籍的传播媒介更丰富，促进知识在各阶层中传播。

指南针

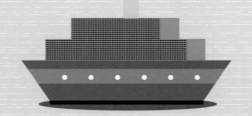

指南针的技术原理

指南针主要部件为一根装在轴上的磁针，利用天然地磁场自由转动并最终让磁针南极指向地理南极的原理辨别方向。

指南针的应用领域

指南针被发明出来之后，被广泛应用于航海和土地测量。

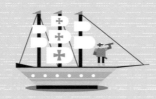

磁现象的发现

先秦时期的中国劳动人民在探寻铁矿时无意中发现了磁铁矿，从而初步了解了磁现象。《管子·地数》中记载了这些发现："上有慈石者，其下有铜金。"

水罗盘的应用

宋朝时，中国的人工磁化技术与磁针装置进一步发展，水罗盘通过向方位盘中注入清水，把经过人工磁化的指南针放入方位盘内，使之浮于水面，并随着转动指引方位盘上的方位。

人工磁化技术

最迟到晚唐时期，中国人已经掌握人工磁化的技术，从而衍生出各种类型的指南仪器，比如指南鱼等。

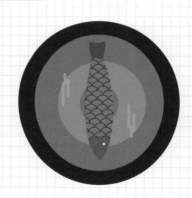

指南鱼

在制作指南鱼时，将薄铁片制成鱼状，将其高温冶炼后夹起鱼头，让鱼尾对准北方，后加入水淬火。使用时，把制成的鱼状铁片平放入装水的碗中，使其浮在水面，鱼头则指向南方。

司南的制造

"司南"是我国自战国时期就有的，对辨别方向仪器的称呼。制作方法是，将天然磁铁矿石琢成的一个勺形柄放在一个方位盘上，利用磁铁指南的原理来辨别方向，其是所有指南针的始祖。

两宋的火药技术

宋朝政府建立了很多火药军工厂，南宋时期还制造出突火枪，这是世界上第一种发射弹丸的管状火器，起杀伤作用的不仅有弹丸，还有火焰。

火 药

火药产生杀伤的原理

火药主要是指一种由硝酸钾、木炭和硫黄按比例制成的黑色或棕色炸药，可由火花、火焰等引起燃烧，在军事领域主要助推枪弹、炮弹等，或通过爆炸产生碎片来杀伤敌人。

火药的渊源

中国古代对于火药的研究起始于道家的炼丹术，春秋战国至魏晋南北朝时期，炼丹术士在追求长生不老而炼制丹药时发现了燃烧与爆炸现象，火药的发明具有偶然性。

火药的传播

火药随宋朝的阿拉伯商人和蒙古大军西征传入欧洲。

唐代的火药研发

唐朝时，黑火药便已产生，在唐朝末年，火药就已经应用于军事，产生了早期的火药箭，即在箭镞下绑上点燃的火药球，用弓射出。

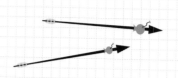

明代的火药技术

明朝时，中国已经有大量的火炮装备部队了，将之前的突火枪这种竹制管状火器改成铜铁制，威力比突火枪要大得多。而多发火箭"一窝蜂"可以一次发射32支箭，是现代火箭炮鼻祖。

神火飞鸦 神火飞鸦是明朝一种外形如乌鸦的军用火箭，用细竹或芦苇编成，内部填有火药，鸦身两侧有点火装置与内部相连，作战时利用两侧装置的推力射出，落地后爆炸。

万 户

万户是明朝人，他曾在椅子上绑上47根当时最大的火箭，然后坐在椅子上双手各持一个大风筝，点燃火箭，希望借助推力实现飞天梦想，虽然他失败身亡，但他是世界上利用火箭飞行第一人。

造纸术

汉朝之后的造纸技术不断完善和成熟，即使是现代的湿法造纸技术仍体现古代造纸术的基本工艺内核。

造纸术发明的初期，主要原料是树皮与破布（破布中含有麻纤维）。最迟在西汉初年，纸便已问世。当时的造纸技术比较原始，造出的纸很粗糙，应该还不太适合书写。

古代造纸术的技术流程

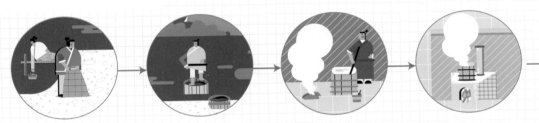

切麻
把树皮、麻头、渔网等原料切碎

洗涤
洗掉原料中的杂质

浸灰石
中国古代常用石灰水或草木灰水为植物纤维脱胶，使其更柔软

蒸煮
大火蒸煮

蔡伦改进造纸术

东汉和帝时期，宦官蔡伦改进了造纸术，造纸的流程从此基本固定下来，造出的纸更加细腻，适合书写。

唐代的造纸术

唐朝时，造纸的技术已经可以把纤维硬、易断的竹子作为原料制成竹纸。加矾、加胶、染色等造纸工艺问世，纸的种类逐渐增加，各种纸制品开始在日常生活中普及。

宋、元、明、清的造纸术

这一时期的纸品种较唐代更多，打浆技术更精密，宋朝还出现了世界上最早的纸币——交子。这一时期还有著作反映造纸技术，如明代宋应星的《天工开物》。

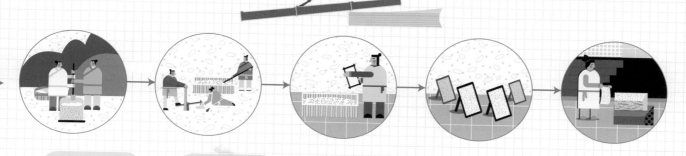

舂捣
将蒸熟或煮熟的原料捣得更烂

打浆
将捣烂的原料打成浆

抄纸
用捞纸器捞浆，使纸浆在捞纸器上交织成薄片状的湿纸

晒纸
把湿纸晒干或晾干

揭纸
揭下晒干或晾干的纸，纸张就制作完成了

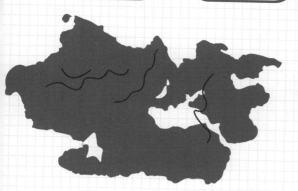

放马滩汉墓纸质地图

放马滩汉墓出土纸质地图是世界上最早的地图，其用纸是世界上已知最早的纸，时代为西汉文帝时期，地图最大残片长8厘米左右，纸的表面有细纤维渣，工艺还较为原始。

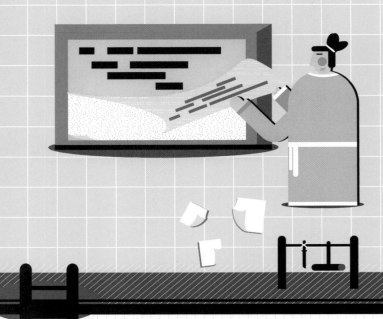

印刷术

古代印刷术的技术原理

古代印刷术主要用各种技术手段将书稿的内容制成或利用活字排成一块块版材，再利用着墨、施加压力等手段，将版材上的内容拓印在纸张等材料上。

毕昇的泥活字印刷术

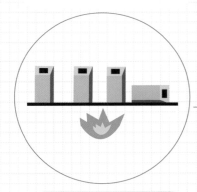

用胶泥做成一个个规格统一的单字方柱体，用火烧硬，使其变成胶泥活字

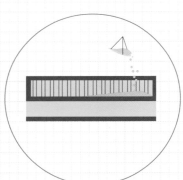

排版时，用一块带框的铁版作为底托，上面敷上一层用松香、蜡等混合而成的药剂

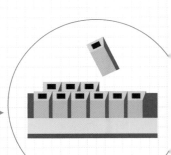

把需要的胶泥活字排进框内，排满后即为一版

毕 昇

毕昇是我国古代发明家，他是印刷铺的工人，细心总结前人印刷经验，在北宋庆历年间发明了泥活字印刷技术，即世界上最早的活字印刷技术。

如何进行雕版印刷

首先将书稿内容写成例样，将有字的一面贴在木版上用不同的刻刀反体刻成凸起的阳文，把字空白的地方剔除，字就高于版面，然后在版面上刷墨，用纸张在上面拓印。

雕版印刷

雕版印刷术产生于唐朝，在唐朝中晚期得到普遍应用。

什么是"活字"

活字是在一些材料上面刻上反体凸起单字的方柱形小块。从北宋到明清时期，活字的材料有胶泥、木料、金属等。

手抄书籍

在雕版印刷术还没有被发明出来时，人们为了传播知识只能手抄书籍，但手抄书籍有很多弊端，手抄时容易抄错，还费时费力，不利于文化大规模传播。

活字印刷

活字印刷诞生于北宋年间，最早是毕昇的泥活字印刷技术，后来元朝的王祯发明了木活字印刷技术，明清时期还有金属活字的印刷技术，在印刷前准备好足够的单个活字便可随时拼版。

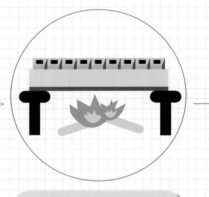

铁版下面用火烤，待药剂熔化，撤掉下面的火，用平版将字面压平，药剂凝固后即为版型

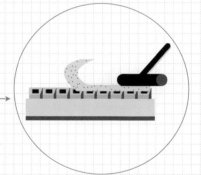

在版型上刷墨敷纸就可以印刷

杨柳青木版年画

杨柳青木版年画是天津杨柳青镇的传统艺术形式，采用雕版印刷的方式，着重于后期的彩绘上色。

《金刚经》

在敦煌莫高窟千佛洞里发现过一本雕版印刷的精美《金刚经》，末尾题有"咸通九年四月十五日"字样。咸通九年就是868年，这是目前世界上最早有明确日期记载的印刷品。

·中国的瓷器·

　　中国享有"世界瓷国"的美称，瓷器的制作已有3 000多年历史，中国瓷器在发展过程中逐渐形成青瓷、白瓷等素瓷以及青花、粉彩、斗彩等彩绘瓷，并且宋朝时五大名窑烧造出来的瓷器，其风格各异而精妙。在欧洲掌握瓷器制作技术1 000多年前，中国就已经可以制造出精美的瓷器了。随着中国瓷器与烧造技术的流传，英语中的中国（China）逐渐也有了瓷器的意思，中国瓷器享誉世界。

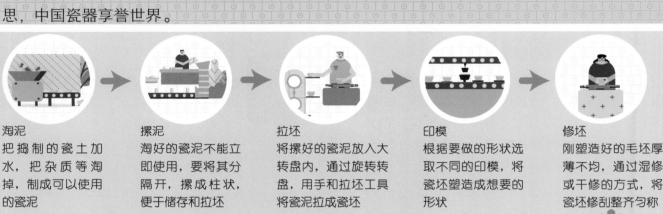

淘泥
把捣制的瓷土加水，把杂质等淘掉，制成可以使用的瓷泥

摞泥
淘好的瓷泥不能立即使用，要将其分隔开，摞成柱状，便于储存和拉坯

拉坯
将摞好的瓷泥放入大转盘内，通过旋转转盘，用手和拉坯工具将瓷泥拉成瓷坯

印模
根据要做的形状选取不同的印模，将瓷坯塑造成想要的形状

修坯
刚塑造好的毛坯厚薄不均，通过湿修或干修的方式，将瓷坯修刮整齐匀称

开窑
瓷窑中的瓷匣呈紫红色时，窑工戴好棉布手套，用湿布包裹头、脸、肩、背等关键部位进入瓷窑取瓷

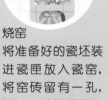

烧窑
将准备好的瓷坯装进瓷匣放入瓷窑，将窑砖留有一孔，用试片检验是否烧造完成

上釉
将矿物质原料混合研磨而成的釉浆涂抹在画好图案的瓷坯上，这种形式被称为"釉下彩"

画坯
即在瓷坯上作画，是陶瓷艺术的一大特色

搵水
用清水洗去瓷坯上的尘土，为接下来的画坯、上釉等工序做好准备

成瓷
瓷坯经过烧造，终于成为精美的瓷器

瓷器的釉

釉是覆盖在瓷器制品表面的玻璃质薄层，一般用矿物质原料按一定比例研磨成浆，施于坯体表面，经高温煅烧而成。

瓷窑的由来

新石器时代，中国就有了烧制陶器的"穴窑"。商周时期有了早期的瓷器，但当时陶器与瓷器同窑而造，随着瓷器制造越来越精细，以及制造业的发展，瓷窑逐渐从陶窑中分离出来。

从陶器到瓷器

中国的瓷器是从陶器中逐渐发展出来的。早期的瓷器约出现于商代，以青瓷为主，质地较陶器细腻坚硬，器物表面有一层石灰釉。

陶 器

陶器是由黏土成型，干燥后放入陶窑以800～1 000℃温度烧制而成的物品，陶器通常上釉，但也有不上釉的。中国人在新石器时代就已经可以制作陶器了。

中国瓷器历史沿革

东汉至魏晋南北朝
东汉时期出现青釉瓷器和黑釉瓷器。这一时期的瓷器以质地更加细腻、表面施以青色玻璃质釉的青瓷为主，较以前的原始青瓷更加精细，南北朝时期出现了白釉的瓷器。

隋唐时期
这一时期的白釉瓷器迎来大发展，瓷器的白度在70%以上，接近现代高级细瓷的标准。青瓷技术也有了进步，并且还有了印花、透雕镂刻等花纹装饰技巧，从而诞生了著名的青花瓷。

明清时期
明清时期除了前朝就有的单色釉瓷与青花等彩绘瓷外，明朝时在彩绘瓷中还发展出在釉下青花轮廓线内添加釉上彩的"斗彩"，不用青花勾边而直接用多种彩色描绘的五彩。清朝时又发展出珐琅彩等。

宋元时期
两宋时期的官方瓷窑与民间瓷窑数不胜数，生产出来的青瓷、白瓷水平更高。元朝的彩绘瓷，尤其是青花瓷相较唐朝更加兴盛，元朝的成熟青花瓷出现在当时的景德镇，上面的图案鲜艳且构图明快。

半坡彩陶鱼纹盆

半坡彩陶鱼纹盆是在新石器时代半坡遗址发现的陶盆，我国著名的陶器还有秦代的兵马俑以及唐朝的三彩陶器。

商代青瓷尊

发现于河南郑州的商朝青瓷尊是瓷器的鼻祖，通体施有淡黄色釉，以高岭土烧制而成。

东汉青瓷猫头鹰器盖

这个猫头鹰器盖高9.7厘米，底面直径10厘米，外形为猫头鹰，顶部有通气小孔，猫头鹰鼻梁两侧刻有一对圆形眼珠。

唐青花塔形罐

这两个青花罐通高44厘米，在2006年发现于郑州市，二者形状基本相同，器盖呈塔刹状，其中一件上面有童子击步打球和牡丹图案，另一件上绘有牡丹图案。

元青花飞凤麒麟纹盘

元青花飞凤麒麟纹盘是元朝时期景德镇窑烧造的瓷器，通体施青白釉，中央分别有一个麒麟、翔凤，盘心纹饰寓意"威凤祥麟"，以示天地祥和。

定窑孩儿枕

定窑孩儿枕现藏于故宫博物院，通体釉色牙黄，是先用模具烧制成型后雕琢而成的。是宋朝定窑难得一见的白瓷珍品。

中国五大名窑

五大名窑之名，始见于明朝皇室收藏目录《宣德鼎彝谱》："内库所藏柴、汝、官、哥、钧、定名窑器皿。"中国的五大名窑都建成于宋朝，即汝窑、定窑、钧窑、官窑和哥窑。

汝窑

汝窑是北宋徽宗时期建立的官方瓷窑，从建立到关闭不足20年。汝窑遗址发现于河南省宝丰县，汝窑瓷器以青瓷为主，胎体较薄、釉层较厚，有玉石般质感，有"雨过天晴云破处"的美誉。

定窑

定窑为民窑，以烧白瓷为主，瓷质细腻，质薄有光，釉色润泽如玉。出土的定窑瓷片中，发现刻有"官""尚食局"等字样，这说明定窑的一部分产品是为官府和宫廷烧造的。

钧窑

钧窑有钧官窑和钧民窑之分，钧官窑位于今河南省禹县，宋朝称钧州。钧窑瓷器烧制时加入铜，釉色千变万化，又因为釉层厚，釉料自然流淌形成有规则的线条。

官窑

官窑是北宋徽宗时期在京城汴京建造的官方瓷窑，窑址至今未被发现。官窑主要烧造青瓷，器物形态有瓶、尊、碗等，釉色以月色、粉青、大绿为主，釉面有大面积裂纹开片。官窑瓷器传世稀少。

哥窑

哥窑的确切窑场至今还未找到，哥窑瓷器的主要特征是表面有大小不规则的开裂纹片，釉色以灰青为主，常见器型有瓶、碗等，为宋朝宫廷用瓷的瓷窑。

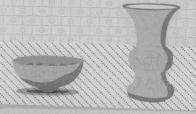

为瓷器而痴狂

1717年，欧洲的萨克森君主奥古斯特二世用手下精锐的600名龙骑兵交换了普鲁士君主151件同时期康熙年间的瓷器，即1件中国瓷器可以抵4个欧洲壮士。当时的中国瓷器在欧洲被称为"白色的黄金"。

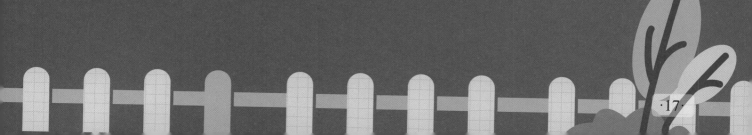

中国的杂交水稻

中国是人口大国，也是世界上第一个将杂交水稻技术研究成功并应用于生产的国家。1964年，袁隆平院士首先在中国开始了杂交水稻的研究，经过10年的艰苦探索和技术攻关，杂交水稻于1973年率先在中国迅速推广开来，取得了举世瞩目的成绩。它不仅成功地解决了中国的粮食问题，而且在世界范围内掀起了一股"绿色风暴"。

天然杂种的发现

1960年，还是湖南省黔阳农校教师的袁隆平在田中进行育种实验时发现了一株性状优异的水稻，他将成熟种子在第二年播在试验田里长出来的植株不如前代，他意识到那是一株天然杂种。

我国杂交水稻的理论突破

1966年，袁隆平发表了《水稻的雄性不孕性》，当时他提出了利用雄性不孕的材料来完成杂交制种，可以免去当时世界学界普遍认为杂交水稻培育应该人工去雄的过程。

雄性不育野生稻的发现

抱着利用雄性不孕材料完成杂交制种想法的袁隆平和他的团队进行了长期的探索，并于1970年在海南找到了一株雄性不育的野生稻，杂交水稻技术以这株野生稻为基础发展起来。

强优势杂交水稻

1971年，杂交水稻研究被列为全国农业22个重点项目之一。1973年，袁隆平带领团队成功实现杂交水稻"三系法"培育，育成具有根系发达、穗大粒多等优点的强优势杂交水稻。

中国超级稻育种计划

我国于1996年实施中国超级稻育种计划，在杂交水稻基础理论和品种选育方面实现较大进展。

超级杂交水稻

2005年5月，袁隆平团队培育的超级杂交水稻，取得了良好的进展，最好的一个杂交水稻品种连续两年都达到了12吨/公顷的水平，并具备13吨/公顷的潜力。

杂交"海水稻"

2020年10月，袁隆平"海水稻"团队和江苏省农业技术推广总站合作试验种植的耐盐水稻平均亩产达802.9公斤，创下盐碱地水稻高产新纪录。

802.9公斤

攻关示范项目

2021年，由袁隆平领衔的杂交水稻双季亩产1500公斤攻关示范项目在我国南方多省份实施，主要采用超级杂交稻和第三代杂交稻"叁优一号"等有潜力的水稻组合。当年10月17日，湖南省衡阳县由袁隆平团队研发的杂交水稻双季突破亩产1500公斤，达到1603.9公斤。

1603.9公斤

杂交水稻指选用两个在遗传学上有一定差异，同时它们的优良性状又能互补的水稻品种进行杂交，培育出的具有杂种优势的第一代杂交种。一般选用两个遗传背景相同的不育系和恢复系水稻来培育杂交水稻。

保持系水稻

保持系水稻的作用

借助保持系水稻，不育系水稻就可以一代一代繁育下去，从而更有利于繁育具有杂种优势的杂交水稻。

杂种优势

杂种优势即第一代杂交种在体型、生长率、适应性和经济性等方面比上一代的父本、母本更优越的现象，但是第一代杂交种之间再进行交配，这种优越的特性则不能被继承。

"三系法"籼型杂交水稻

"三系"即水稻细胞质雄性不育系（不育系）、水稻细胞质雄性不育保持系（保持系）、水稻细胞质雄性不育恢复系（恢复系），"三系法"籼型杂交水稻就是经过这"三系"水稻培育出的具有杂种优势的水稻种子种植出来的杂交水稻。

"两系法"杂交水稻

"两系法"杂交水稻指利用光温敏不育系水稻和恢复系水稻杂交培育出的种子种植出来的水稻。光温敏不育系水稻在夏季光照长时具有雄性不育性；在秋季光照短时变成正常水稻。这是未来杂交水稻的研究方向。

水稻杂交种的产生

水稻花的绿色颖壳包裹着雌蕊和雄蕊，自身的雌蕊只接受自身雄蕊的花粉来交配，在培育杂交种的种子时会在雄蕊性成熟时将其去掉，这时保留雌蕊的水稻就是母本，再选用其他父本来与其交配。

母本水稻　父本水稻

杂交水稻第一代

·中国的第一艘核潜艇·

核潜艇是以核反应堆为动力来源设计的潜艇，因为其长时间在水下潜航的卓越性能，已是我国重要的海军力量，也是大国竞相发展的焦点领域之一。核潜艇分为攻击型核潜艇与弹道导弹核潜艇，前者可以执行攻击、搜索和护航等任务，装备有鱼雷和常规潜射战术导弹；后者装备有核导弹，可以执行二次核反击。这里我们要讲述的，是中国第一艘攻击型核潜艇——"长征一号"的故事。

"长征一号"核潜艇

"长征一号"核潜艇是我国自行研发建造的第一艘核潜艇，它是一艘攻击型核潜艇，是我国091型核潜艇的首艇，舷号401，可实现水下最高25节（46.3千米／时）的航速。

"长征一号"核潜艇的技术工艺

"长征一号"核潜艇采用当时国内的新技术——水滴形线型和十字型尾舵，采用一座90兆瓦压水堆单轴推进，艇体采用双壳体结构。

"长征一号"核潜艇上的食品

"长征一号"核潜艇上的食品主要包括新鲜食品、远航食品和应急食品。远航食品主要是各类罐头，主食为饼干或面食风干产品；应急食品主要是各种压缩食品。

安全第一

安全航行

"长征一号"核潜艇作为中国第一艘核潜艇，如果从交付海军使用时算起，共安全航行近30年，也让我国成为世界上唯一一个核潜艇未发生过事故的国家。

彭士禄

彭士禄是广东省汕尾人，革命烈士彭湃之子。他曾于1956年到苏联进修核动力，回国后根据国家指示，投身核潜艇动力等方面的研发建造领域。他是中国著名的核动力专家，被誉为"中国核潜艇之父"。

"长征一号"核潜艇的一生

1965年3月 ◉ 中国开始筹建第一座潜艇核动力装置陆上模式堆试验基地。

1968年5月 ◉ 首制艇在造船厂放样，当年11月，在葫芦岛船厂实体建造动工。

1974年1月 ◉ 核潜艇进入海军进行检验性试航。8月1日，核潜艇正式加入海军战斗序列服役，被命名为"长征一号"，隶属北海舰队。

2000年 ◉ "长征一号"核潜艇退出现役。

2016年10月 ◉ "长征一号"核潜艇经过彻底的去核化处理，进驻位于青岛的中国人民解放军海军博物馆。

2017年4月23日 ◉ 在中国人民解放军海军节的这一天，"长征一号"核潜艇正式对公众开放。

"长征一号"核潜艇的尾舱里有应急发电机，可以保证潜艇在主动力装置操纵失效时仍能继续水下航行。

尾舱

主机舱

主机舱主要通过蒸汽轮机推动主齿轮减速箱带动轴系，从而为潜艇航行提供动力。

后辅机舱

后辅机舱主要分布着汽轮发电机、造水机等大型设备。

反应堆舱

反应堆舱是"长征一号"核潜艇的心脏所在。

前辅机舱中的厨房和冷藏室主要负责全艇官兵的饮食制作，厨房较小，一侧是案台，另一侧是蒸煮区域，保证了艇上人员的日常生活。

前辅机舱

401

惯导室

主要负责保障"长征一号"核潜艇的惯性导航系统正常运行。

住舱

艇员的日常睡觉休息之所。

上层指挥室

在指挥舱内，还有一个楼梯，可以爬到舰桥上，这是潜艇的上层指挥室，从外面看就是潜艇突出的那一部分。

鱼雷舱

值班室

"长征一号"核潜艇的值班室主要作用是负责日常警戒和拉响战斗警报等，便于其他艇员休息，保持战斗力。

指挥舱

指挥舱与鱼雷舱靠一道圆形舱门连接，这里有艇长室、机要室和鱼雷发射指令室。

会议室

会议室位于鱼雷舱的一侧，目前青岛中国人民解放军海军博物馆401艇的会议室为原貌。

中国新世纪的四大工程

京津唐

华东

广东

西电东送三大通道

　　我国幅员辽阔，平原、丘陵、高原、山地、盆地等不同地形造成了每个地区的自然条件和资源状况的差异性。进入21世纪，我国为解决这一时空矛盾、优化资源配置，先后完成了4项重要工程。

　　西电东送工程极大缓解了我国电力资源分布不均的问题；西气东输工程让西部地区的天然气资源得到更合理的利用；南水北调工程解决了我国水资源北少南多的难题；青藏铁路让青藏地区与祖国其他地区的联系更加紧密。它们在"十五"计划期间完成，被称为"中国新世纪四大工程"。

西电东送工程

西电东送工程是将我国西部省份丰富的煤炭或水能资源转化为电力资源输送到经济相对较发达的东部省份的工程，"十五"计划期间，我国西部省份修建了众多火电站和水电站，西电东送工程将西部地区的资源优势转化为经济优势。目前，西电东送工程仍在继续完善中。

准东—皖南 ±1100千伏特高压直流输电工程

2019年，世界上电压等级最高的特高压工程新疆准东至安徽皖南并途径宁夏的±1100千伏高压直流输电工程投运，全长3324千米。

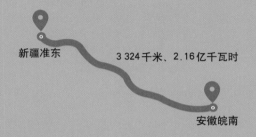

新疆准东 　3324千米、2.16亿千瓦时

安徽皖南

向家坝—上海 ±800千伏特高压直流输电示范工程

2010年，国家电网第一条西电东送特高压输电示范工程投入运营，这条特高压输电线路起点是四川向家坝，全长1907千米，将四川的水电资源输送到上海，途中4次跨越长江。

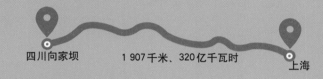

四川向家坝 　1907千米、320亿千瓦时 　上海

特高压输电技术

特高压是指±800千伏及以上的直流电和1000千伏及以上交流电的电压等级，在利用特高压输电技术输送电力时，发电厂发出的电先要通过升压变压器将电压升高至±800千伏以上，然后到用电地区再通过降压变压器将电压降至220/380伏供用户使用。

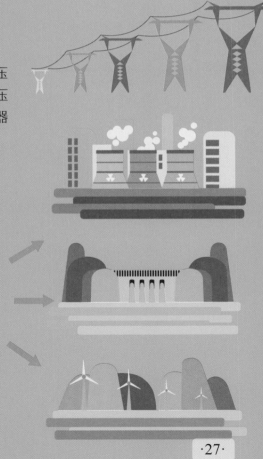

发电方式

传统的发电方式有水力发电、火力发电，新兴的有核能发电、风能发电、太阳能光伏发电等形式。传统的火力发电依靠煤炭等资源，西部地区的煤炭资源较为丰富；水力发电则利用河流落差产生的动能。

西气东输工程

改革开放以来，我国东部地区发展速度相对更快，能源消费结构中煤炭占比过大；天然气是清洁能源，西部地区探明的天然气资源总量丰富。西气东输工程的建成通气让沿线地区都用上了清洁能源，优化了能源消费结构，其干线和支线管道是中国距离最长、管径最大、投资最多、输气量最大、施工条件最复杂的天然气管道。

西气东输一线工程

西气东输一线工程开工于2002年，于2004年建成了一条西起新疆塔里木气田，东至上海黄浦江畔，途经9个省份3 843.5千米的管道干线。管道每年的输气规模170亿立方米。

西气东输二线工程

西气东输二线工程于2008年全线开工，2012年建成通气，干线全长4 859千米，加上支线管道总长度8 704千米，主要供应天然气来源是中亚国家，调剂气源是塔里木气田。

西气东输三线工程

西气东输三线工程于2012年开工，2015年全线贯通投入运营。首次引入社会资本和民营资本参与建设，全线的干线与支线总长度为7 378千米，主要天然气来源是乌兹别克斯坦、土库曼斯坦和哈萨克斯坦三国。

天然气的优势

天然气是一种洁净环保的优质能源，免去了烧煤、烧柴和换煤气罐的麻烦；对温室效应的影响较低，能从根本上改善环境质量。

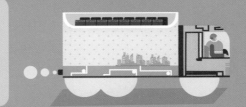

塔里木气田

塔里木气田是西气东输一线工程的主要天然气来源，也是二线工程的天然气的调剂气源，位于新疆塔克拉玛干沙漠。

塔里木气田

西气东输工程路线

一线工程

◎ 新疆—甘肃—宁夏—陕西—山西—河南—安徽—江苏—上海

二线工程

◎ 新疆—甘肃—宁夏—陕西—湖北—江西—广东—香港

三线工程

◎ 新疆—甘肃—宁夏—陕西—河南—湖北—湖南—江西—福建—广东

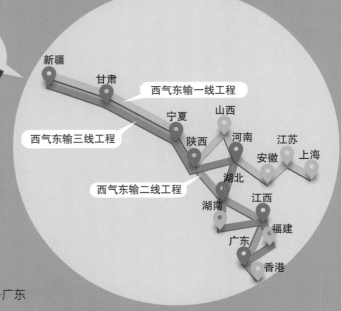

南水北调工程

南水北调工程是把我国长江流域的一部分水资源通过工程建设引入华北地区和西北地区的引水工程，整体分为东线、中线和西线工程，建设时间需40～50年。东线与中线工程正在逐渐完善并已发挥作用；截至2021年，西线工程仍处在规划和勘测阶段。

南水北调东线工程

南水北调东线工程规划分三期建设，从长江下游的江苏抽引长江水，利用向北的已有江河，如京杭大运河等水道一路向北，连接洪泽湖、骆马湖、东平湖等，在东平湖分两路，一路通过隧洞穿过黄河向北自流到天津；一路向东，通过胶东输水干线通往威海与烟台。

南水北调中线工程

南水北调中线工程分两期实施，一期工程从加坝扩容后的丹江口水库引水，沿线开挖渠道，经唐白河流域西部，沿黄淮海平原西部边缘，在郑州附近穿过黄河北上。中线总干渠呈南高北低之势，可以自流输水，以明渠输水方式为主。

南水北调西线工程

南水北调西线工程是计划从长江上游的支流雅砻江、大渡河等向黄河上中游地区的引水工程，20世纪50年代，黄河水利委员会就开始开展相关的考察，2020年4月以来，黄河水利委员会组织南水北调西线工程进行综合查勘。

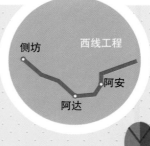

水利人员勘察大渡河、雅砻江

南水北调工程的背景

我国因自然等原因，华北地区与西北地区水资源短缺，用水安全问题较多，而南方地区水资源充足。自20世纪50年代开始，我国相关部门就已开展对南水北调工程的论证和勘测工作，最终形成了东线、中线和西线方案。

南水北调的阶段性成果

截至2021年12月12日，南水北调东、中线一期工程已累计调水494亿立方米。成为多个城市生活用水的主力水源。

泵群

克服地势南低北高

南水北调东线工程黄河以南段南低北高，为克服落差，东线一期工程输水干线从江都水利枢纽开始，设立13个梯级泵站，共22处枢纽、34座泵站，形成世界上规模最大的泵站群，闸坝一级一级提升，爬升13个台阶到达黄河。

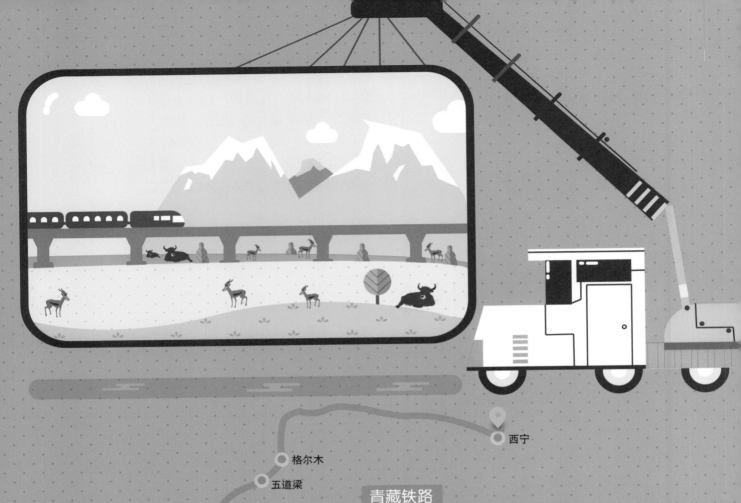

格尔木

五道梁

唐古拉

那曲

羊八井

拉萨

西宁

青藏铁路

青藏铁路是连接青海西宁至西藏拉萨的国铁I级铁路，是世界上海拔最高、线路最长、通过多年冻土区最长的高原铁路，简称青藏线。铁路全线于2006年通车。至此，抵达西藏自治区腹地的第一条铁路全线通车。

修建背景

新中国成立前，青藏地区因为海拔高、空气稀薄和自然环境恶劣等原因，人们对外联系的途径极为有限，可通行汽车的公路极少，水上移动只有溜索桥、独木舟等方式。

高原冻土

青藏铁路通过多年冻土地段550千米，属于高海拔多年冻土，遇热稳定性差。建设者创造性地综合采用热棒路基、用桥梁跨越特殊不良冻土地段等措施。

生态保护

青藏铁路在修建过程中，注意保护青藏地区脆弱的生态，比如在藏羚羊等野生动物的行动路线上，共设置了33个野生动物通道，包括桥梁下方通道和桥梁隧道复合通道等形式；地面和列车"污物零排放"。

片石通风路基

热棒路基

我国的铁路等级

进入高铁时代，我国铁路等级分别是高铁级、国铁Ⅰ级、国铁Ⅱ级、国铁Ⅲ级、国铁Ⅳ级；地铁Ⅰ级、地铁Ⅱ级。地铁即地方铁路。

青藏铁路数据集合

青藏铁路全长1 295千米，一共有车站85座，全线海拔超过4 000米的路段占总路段的85%以上。

溜索桥

独木舟

可可西里自然保护区

可可西里自然保护区位于青海玉树藏族自治州西部，主要保护藏羚羊、野牦牛等珍稀野生动物和野生植物，以及其栖息环境。

唐 古 拉
TANG GU LA
唐北 ← → 唐南
海拔：5068m

海拔最高的铁路车站

唐古拉车站是青藏铁路全线海拔最高的车站，于2004年8月建成，位于海拔5 068米的唐古拉山垭口多年冻土区，工程设计中采用了片石通风路基，可以使冻土温度保持相对稳定。